重庆市开州区
暴雨洪涝风险区划图集

徐彦平　刘寿文　韩世刚　编著

气象出版社
China Meteorological Press

图书在版编目(CIP)数据

重庆市开州区暴雨洪涝风险区划图集 / 徐彦平,刘寿文,韩世刚编著. —北京:气象出版社,2019.10

ISBN 978-7-5029-7068-0

Ⅰ.①重⋯ Ⅱ.①徐⋯ ②刘⋯ ③韩⋯ Ⅲ.①水灾-灾害防治-气候区划-重庆-图集 Ⅳ.①P426.616-64

中国版本图书馆 CIP 数据核字(2019)第 224648 号

Chongqing Shi Kaizhou Qu Baoyu Honglao Fengxian Quhua Tuji
重庆市开州区暴雨洪涝风险区划图集

出版发行:气象出版社

地　　址:北京市海淀区中关村南大街 46 号　**邮政编码**:100081

电　　话:010-68407112(总编室)　010-68408042(发行部)

网　　址:http://www.qxcbs.com　**E-mail**:qxcbs@cma.gov.cn

责任编辑:颜娇珑　　　　　　　　　**终　审**:吴晓鹏

责任校对:王丽梅　　　　　　　　　**责任技编**:赵相宁

封面设计:楠竹文化

印　　刷:北京建宏印刷有限公司

开　　本:787 mm×1092 mm　1/16　　**印　张**:4.75

字　　数:110 千字

版　　次:2019 年 10 月第 1 版　　　　**印　次**:2019 年 10 月第 1 次印刷

定　　价:38.00 元

序 言

开州区位于重庆市东北部,西邻四川省开江县,北接城口县和四川省宣汉县,东毗云阳县和巫溪县,南邻万州区,地势由东北向西南逐渐降低,总面积3959平方千米,户籍人口168.53万,是典型的农业大区、人口大区。开州区处于四川盆地东部温和高温区内,北部中山地带(海拔1000米以上地区),属暖温带季风气候区,气候冷凉阴湿,雨日多、雨量大、光照差、无霜期较短、霜雪较大;三里河谷平坝浅丘地带,属中亚热带温润季风气候区,气候温和,热量丰富,雨量充沛,四季分明,无霜期长。开州区年平均气温18.4 ℃,年平均降水量1260毫米。由于特殊地理位置,开州区自然灾害种类多样,暴雨洪涝、高温、伏旱、雷电、大风、冰雹、森林火险等自然灾害频发,防灾减灾形势严峻。

暴雨是一种影响严重的灾害性天气。某一地区连降暴雨或出现大暴雨、特大暴雨,常导致山洪暴发,水库垮坝,江河横溢,房屋被冲塌,农田被淹没,交通和电信中断,会给国民经济和人民的生命财产带来严重危害。暴雨尤其是大范围持续性暴雨和集中的特大暴雨,不仅影响工农业生产,而且可能危害人民的生命,造成严重的经济损失。暴雨洪涝,指因大雨、暴雨或持续降雨使低洼地区淹没、渍水的现象。暴雨洪涝主要危害农作物生长,造成作物减产或绝收,破坏农业生产以及其他产业的正常发展,其影响是综合的,还会危及人们的生命财产安全,影响国家的长治久安等。卫星遥感图像资料具有很多优势,影像资料覆盖区域大,图像资料获取周期短,空间分辨率高,对于防灾减灾有很好的使用价值。

气象灾害风险区划是根据气象、气候条件产生不利影响可能性对空间区域进行划分,为防灾减灾和工程设计标准提供科学依据,表明哪些地区是气象灾害高风险区,不适合建居民点、开发区和工程建设,以防御灾害风险的发生。

暴雨洪涝、山洪风险区划图是根据暴雨洪涝灾害程度进行的地域划分,在对灾害条件进行深入分析的基础上进行。其基本目的是更加清晰地反映灾害的空间分布规律与地区差异,对暴雨洪涝的灾害风险进行管理,降低灾害的风险成本,对于开州区社会和谐及经济发展具有重要意义。卫星遥感影像图是利用遥感卫星在太空探测地球地表物体对电磁波的反射及其发射的电磁波,通过提取该物体信息,来完成远距离识别物体的。本书中使用了 LandSat 8 卫星遥感影像数据,运用 Band 2 Blue(蓝波段)、Band 3 Green(绿波段)、Band 4 Red(红波段)进行真彩色合成,真实地反映了开州区地形地貌等特点。

为了有效提高开州区气象灾害防御能力,为科学有效的防灾减灾提供依据,开州区气象局特编写了《重庆市开州区暴雨洪涝风险区划图集》。本书共分为 3 章。第 1 章为自然地理和气候特点,主要介绍了开州区地形地貌特征和气候特点。第 2 章为资料处理与区划技术模型,主要包括了资料处理和气象灾害危险性、承灾体暴露性、承灾体脆弱性、防灾减灾能力和灾害综合风险五个方面的技术模型。第 3 章为暴雨洪涝风险区划,其中又分为开州区暴雨洪涝风险区划和乡镇街道暴雨洪涝风险区划。

本图集的编制体现了开州区不同区域气候特点,卫星遥感影像图展示了开州区地形地貌情况,并叠加了各类常见隐患点分布。气象灾害图示化后,对气象灾害分布的时间特征和空间特征有了更清晰的表述,为气象工作和防灾减灾提供了科学依据。同时,本图集简单易懂,可以作为民众防灾减灾科普知识宣传资料,对普及开州区域气象灾害风险有重要意义。

王文芳[*]

2019 年 10 月 18 日

---

* 开州区气象局局长

⛆ 目 录

序言

第 1 章
自然地理和气候特点

1.1 地形地貌特征

开州区位于重庆市东北部,地处长江之北,在大巴山南坡与重庆平行岭谷结合地带。位于北纬 30°49′30″～31°41′30″、东经 107°55′48″～108°54′00″,总面积 3959 平方千米。西邻四川省开江县,北接城口县和四川省宣汉县,东毗云阳县和巫溪县,南邻万州区。开州区在造山运动及水流的侵蚀切割下,形成山地、丘陵、平原三种地貌类型、七个地貌单元、八级地形面。山地占 63%、丘陵占 31%、平原占 6%,大体是"六山三丘一分坝",地势由东北向西南逐渐降低。北部属大巴山南坡的深丘中山山地,海拔多在

图 1.1.1 开州区三维地形图

1000 米以上，最高处雪宝山镇一字梁横猪槽主峰，海拔 2626 米。三里河谷沿岸海拔较低，最低处为南部渠口镇崇福村，海拔 134 米。沿河零星块状平坝，地势开阔，土层深厚。

1.2 气候特点

开州区地处中纬度地区，具有亚热带季风气候的一般特点，季节变化明显。冬暖、春早，夏季海洋性季风带来大量温暖空气，夏季雨量充沛、温湿适度。但当季风锋面停留时，则易形成初夏的梅雨天气；而当太平洋高压控制川东一带时，7 月、8 月出现高温少雨的伏旱天气。立体气候特点明显，因纬度引起的气温差异甚微，仅 0.3～0.6 ℃。开州区可分为两大气候区，北部中山地带（海拔 1000 米以上地区）属暖温带季风气候，气候冷凉阴湿，雨日多，雨量大，光照差，无霜期较短，霜雪较大；三里河谷平坝浅丘地带，属中亚热带温润季风气候区，气候温和，热量丰富，雨量充沛，四季分明，无霜期长，光照虽处于全国同纬度的低值区，但仍比北部中山区强，少伏旱。

第 2 章
资料处理与区划技术模型

2.1 资料处理

2.1.1 资料来源

(1)气象资料为重庆市气象信息与技术保障中心提供的 34 个国家气象站 1961—2015 年逐日气象观测资料和 2005—2015 年逐小时降水资料。

(2)地理信息数据包括美国 NASA 网站（https://www.nasa.gov/）下载的 STRM 1∶50 000 的 DEM 数据，1∶250 000 植被指数 NDVI，以及我国清华大学 2015 年土地利用矢量数据中 1∶250 000 土地覆盖类型数据。区域范围为重庆市行政区域范围内。耕地和建筑物面积比通过处理土地覆盖类型数据得到。

(3)社会经济数据包括全市的人口、GDP（国民生产总值）等经济社会资料，来源于国家综合地球观测数据共享平台（http://www.chinageoss.org/dsp/home/index.jsp），分辨率为 1 千米×1 千米，区域范围为重庆市行政区域范围内。人口密度、地均 GDP 和人均 GDP 通过数据处理得到。

(4)地形坡度、河网密度和临河距离通过 DEM 数据处理得到。

2.1.2 数据处理

(1)标准化处理方法采用 max-min 标准化。max-min 标准化方法是对原始数据进行线性变换。设 $maxA$ 和 $minA$ 分别为属性 A 的最大值和最小值，将 A 的一个原始值 x 通过 max-min 标准化映射成在区间 $[0,1]$ 中的值 x，其公式为：

$$新数据=（原数据-极小值）/（极大值-极小值）$$

(2)气象要素过程频次和强度统计具体方法是：统计重庆市逐年各气象台站 1 天、2 天、3 天……10 天（含 10 天以上）的气象要素过程数值（气象要素过程数值是指以气象要素连续日数划分为一个过程，一旦出现无该气象要素则认为该过程结束，并要求该过程中至少一天的数值达到或超过特定的阈值，最后将整个过程要素数值进行累加），将要素过程数值作为一个序列，建立不同时间长度的 10 个气象要素过程序列；再分别计算不同序列的第 98 百分位数、第 95 百分位数、第 90 百分位数、第 80 百分位数、第 60 百分位数的值，利用不同百分位数将气象要素强度分为 5 个等级，具体分级标准为：60%～79%位数对应的要素数值为 1 级,80%～89%位数对应的要素数值为 2 级,90%～94%位数对应的要素数值为 3 级,95%～97%位数对应的要素数值为 4 级,大于或等于 98%位数对应的要素数值为 5 级。按照确定的各级气象要素灾害级别,分别统计 1～10 天各级气象要素强度发生次数,然后将不同时间长度的各级气象要素强度次数相加,从而得到各级气象要素强度发生次数。

2.2 风险区划技术模型

2.2.1 气象灾害危险性

2.2.1.1 暴雨洪涝

暴雨洪涝灾害危险性如式(2.2.1)所示:

$$Q_H = W_{H1}Q_{H1} + W_{H2}Q_{H2} + W_{H3}Q_{H3} + W_{H4}Q_{H4} + W_{H5}Q_{H5} \qquad (2.2.1)$$

式中:Q_H 是暴雨洪涝灾害危险性指数;Q_{H1}、Q_{H2}、Q_{H3}、Q_{H4}、Q_{H5} 是经过标准化处理的不同等级暴雨强度的频次指数;W_{H1}、W_{H2}、W_{H3}、W_{H4}、W_{H5} 是对应频次指数的权重系数,且 $W_{H1} + W_{H2} + W_{H3} + W_{H4} + W_{H5} = 1$。

2.2.1.2 山洪

山洪灾害危险性如式(2.2.2)所示:

$$Q_H = W_{H1}Q_{H1} + W_{H2}Q_{H2} \qquad (2.2.2)$$

式中:Q_H 是山洪灾害危险性指数;Q_{H1} 是经过标准化处理的山洪灾害发生频次指数;Q_{H2} 是经过标准化处理的重现期山洪模拟淹没水深指数;W_{H1} 是对应山洪灾害发生频次指数的权重系数;W_{H2} 是对应重现期山洪模拟淹没水深指数的权重系数,且 $W_{H1} + W_{H2} = 1$。

2.2.2 承灾体暴露性

2.2.2.1 暴雨洪涝

暴雨洪涝灾害承灾体暴露性如式(2.2.3)所示:

$$Q_E = W_{E1}Q_{E1} + W_{E2}Q_{E2} + W_{E3}Q_{E3} \qquad (2.2.3)$$

式中:Q_E 是暴雨洪涝灾害承灾体暴露性指数;Q_{E1} 是经过标准化处理的地形;Q_{E2} 是经过标准化处理的水系;Q_{E3} 是经过标准化处理的人口密度;W_{E1} 是地形对应的权重系数;W_{E2} 是水系对应的权重系数;W_{E3} 是人口密度对应的权重系数,且 $W_{E1} + W_{E2} + W_{E3} = 1$。

2.2.2.2 山洪

山洪灾害承灾体暴露性如式(2.2.4)所示:

$$Q_E = W_{E1}Q_{E1} + W_{E2}Q_{E2} + W_{E3}Q_{E3} \qquad (2.2.4)$$

式中:Q_E 是山洪灾害承灾体暴露性指数;Q_{E1} 是经过标准化处理的地形;Q_{E2} 是经过标准化处理的水系;Q_{E3} 是经过标准化处理的人口密度;W_{E1} 是地形坡度对应的权重系数;W_{E2} 是水系对应的权重系数;W_{E3} 是人口密度对应的权重系数,且 $W_{E1} + W_{E2} +$

$W_{E3}=1$。

2.2.3　承灾体脆弱性

2.2.3.1　暴雨洪涝

暴雨洪涝灾害承灾体脆弱性如式(2.2.5)所示：

$$Q_V = W_{V1}Q_{V1} + W_{V2}Q_{V2} \tag{2.2.5}$$

式中：Q_V 是暴雨洪涝灾害承灾体脆弱性指数；Q_{V1} 是经过标准化处理的地均 GDP；Q_{V2} 是经过标准化处理的耕地面积占土地面积比重；W_{V1} 是地均 GDP 权重系数；W_{V2} 是耕地面积占土地面积比重权重系数，且 $W_{V1}+W_{V2}=1$。

2.2.3.2　山洪

山洪灾害承灾体脆弱性如式(2.2.6)所示：

$$Q_V = W_{V1}Q_{V1} + W_{V2}Q_{V2} \tag{2.2.6}$$

式中：Q_V 是山洪灾害承灾体脆弱性指数；Q_{V1} 是经过标准化处理的地均 GDP；Q_{V2} 是经过标准化处理的耕地面积占土地面积比重；W_{V1} 是地均 GDP 权重系数；W_{V2} 是耕地面积占土地面积比重权重系数，且 $W_{V1}+W_{V2}=1$。

2.2.4　防灾减灾能力

2.2.4.1　暴雨洪涝

暴雨洪涝灾害防灾减灾能力如式(2.2.7)所示：

$$Q_P = W_{P1}Q_{P1} + W_{P2}Q_{P2} \tag{2.2.7}$$

式中：Q_P 是暴雨洪涝灾害防灾减灾能力指数；Q_{P1} 是经过标准化处理的人均 GDP；Q_{P2} 是经过标准化处理的地表植被指数；W_{P1} 是人均 GDP 权重系数；W_{P2} 是地表植被指数权重系数，且 $W_{P1}+W_{P2}=1$。

2.2.4.2　山洪

山洪灾害防灾减灾能力如式(2.2.8)所示：

$$Q_P = W_{P1}Q_{P1} + W_{P2}Q_{P2} \tag{2.2.8}$$

式中：Q_P 是山洪灾害防灾减灾能力指数；Q_{P1} 是经过标准化处理的人均 GDP；Q_{P2} 是经过标准化处理的地表植被指数；W_{P1} 是人均 GDP 权重系数；W_{P2} 是地表植被指数权重系数，且 $W_{P1}+W_{P2}=1$。

2.2.5　灾害综合风险

2.2.5.1　暴雨洪涝

暴雨洪涝灾害综合风险评估指数如式(2.2.9)所示：

$$FDRI = f(Q_H, Q_E, Q_V, Q_P) = Q_H^{W_H} \cdot Q_E^{W_E} \cdot Q_V^{W_V} \cdot (1-Q_P)^{W_P} \tag{2.2.9}$$

式中：$FDRI$ 是暴雨洪涝灾害风险指数；Q_H 是暴雨洪涝危险性因子；Q_E 是承灾体暴露性因子；Q_V 是承灾体脆弱性因子；Q_P 是防灾减灾能力因子；W_H 是暴雨洪涝危险性权重系数；W_E 是承灾体暴露性权重系数；W_V 是承灾体脆弱性权重系数；W_P 是防灾减灾能力权重系数，且 $W_H+W_E+W_V+W_P=1$。

2.2.5.2 山洪

山洪灾害综合风险评估指数如式(2.2.10)所示：

$$FDRI = f(Q_H, Q_E, Q_V, Q_P) = Q_H^{W_H} \cdot Q_E^{W_E} \cdot Q_V^{W_V} \cdot (1 - Q_P)^{W_P} \quad (2.2.10)$$

式中：$FDRI$ 是山洪灾害风险指数；Q_H 是山洪危险性因子；Q_E 是承灾体暴露性因子；Q_V 是承灾体脆弱性因子；Q_P 是防灾减灾能力因子；W_H 是山洪危险性权重系数；W_E 是承灾体暴露性权重系数；W_V 是承灾体脆弱性权重系数；W_P 是防灾减灾能力权重系数，且 $W_H + W_E + W_V + W_P = 1$。

2.3 卫星遥感模型

遥感模型使用的是 LandSat 8 影像数据，并对遥感图像进行了几何校正，地理坐标系统采用 GCS_WGS_1984，投影坐标系统采用 WGS_1984_Albers，为了真实地反映出开州区地形、植被、地貌等特征，使用 LandSat 8 影像数据中的 Band 2 Blue(蓝波段)、Band 3 Green(绿波段)、Band 4 Red(红波段)进行真彩色合成。对地质灾害隐患点，学校、医院、企业等敏感单位数据进行矢量化处理，并与遥感影像叠加合成为具有空间分布清楚、隐患点层次鲜明的卫星遥感综合影像图，对指导防灾救援具有重要意义。

2.4 其他参数

表 2.4.1　气象灾害风险指数 *FDRI* 等级划分

等级	划分标准	对承灾体的影响
高风险区	$FDRI \geqslant 80\%$	有严重影响
次高风险区	$60\% \leqslant FDRI < 80\%$	有较大影响
中等风险区	$40\% \leqslant FDRI < 60\%$	有一定影响
次低风险区	$20\% \leqslant FDRI < 40\%$	稍有影响
低风险区	$FDRI < 20\%$	基本没有影响

表 2.4.2　地形高程及高程标准差的组合赋值

地形高程/米	地形标准差		
	一级(≤1)	二级(1~10)	三级(≥10)
一级(≤100)	0.9	0.8	0.7
二级(100~300)	0.8	0.7	0.6
三级(300~700)	0.7	0.6	0.5
四级(≥700)	0.6	0.5	0.4

水系因子包括河网密度和距离水体的远近。半径范围内河流的总长度作为中心格点的河流密度,半径大小使用系统缺省值。距离水体远近的影响采用缓冲功能实现,其中河流应按照一级河流(如长江、淮河等)和二级河流(如支流和其他河流等)、湖泊水库应按照水域面积来分别考虑,可分为一级缓冲区和二级缓冲区,给予 0~1 之间适当的影响因子值,原则是一级河流和大型水体的一级缓冲区内赋值最大,二级河流和小型水体的二级缓冲区赋值最小,表 2.4.3 给出了参考值。河网密度和缓冲区影响经标准化处理后,各取权重 0.5。

表 2.4.3 河流缓冲区等级和宽度的划分标准

缓冲区宽度/千米			
一级河流		二级河流	
一级缓冲区	二级缓冲区	一级缓冲区	二级缓冲区
8	12	6	10

第 3 章
暴雨洪涝风险区划

3.1 开州区暴雨洪涝风险区划

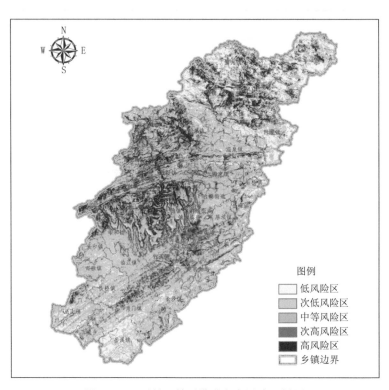

图 3.1.1 开州区暴雨洪涝灾害风险区划图

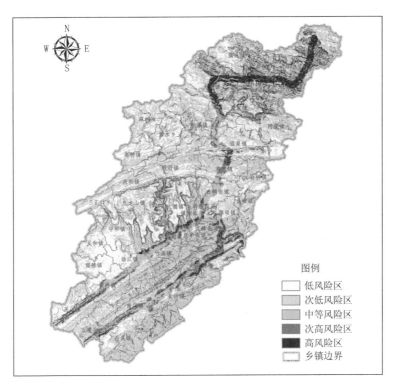

图3.1.2 开州区山洪灾害风险区划图

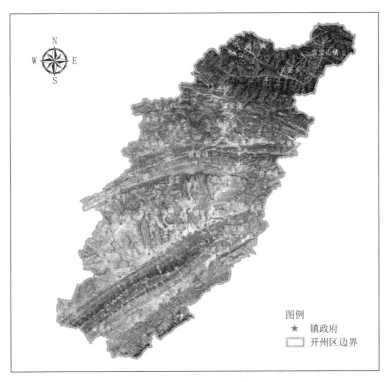

图3.1.3 开州区卫星遥感影像图

3.2 乡镇街道暴雨洪涝风险区划

3.2.1 白鹤街道

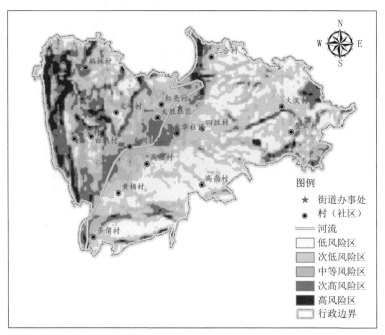

图 3.2.1 开州区白鹤街道暴雨洪涝灾害风险区划图

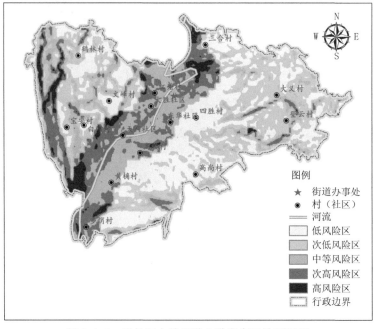

图 3.2.2 开州区白鹤街道山洪灾害风险区划图

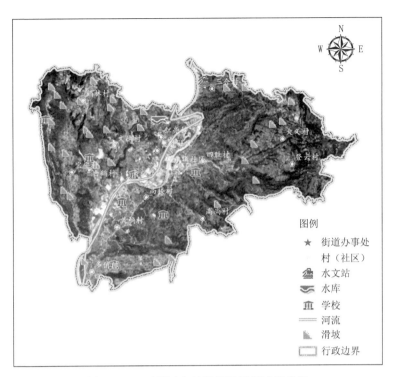

图 3.2.3 开州区白鹤街道卫星遥感影像图

3.2.2 白桥镇

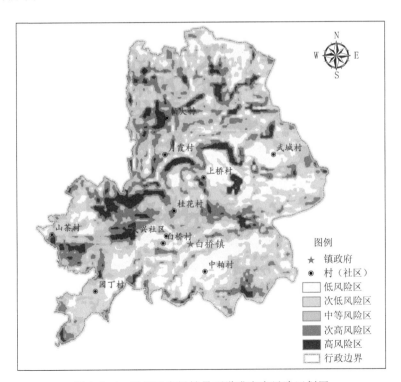

图 3.2.4 开州区白桥镇暴雨洪涝灾害风险区划图

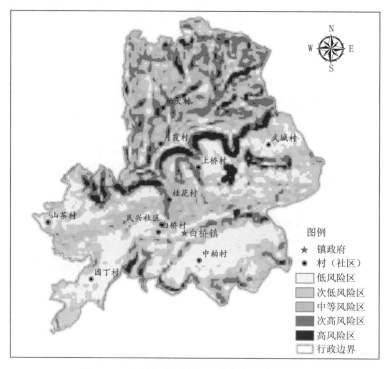

图 3.2.5　开州区白桥镇山洪灾害风险区划图

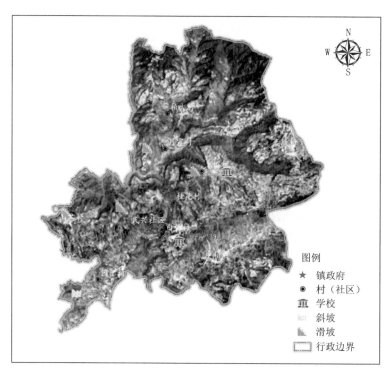

图 3.2.6　开州区白桥镇卫星遥感影像图

3.2.3 大德镇

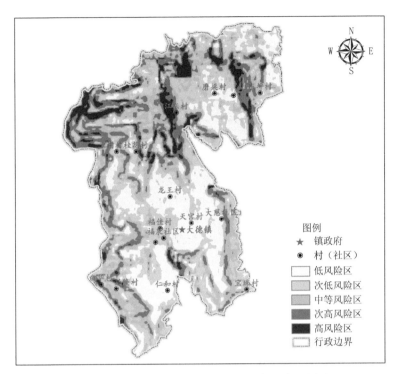

图 3.2.7 开州区大德镇暴雨洪涝灾害风险区划图

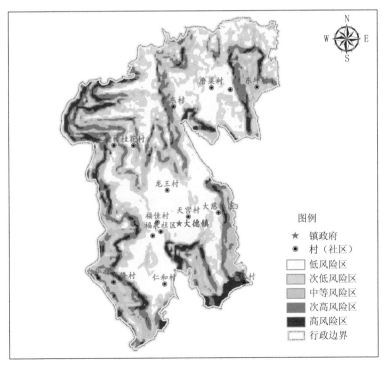

图 3.2.8 开州区大德镇山洪灾害风险区划图

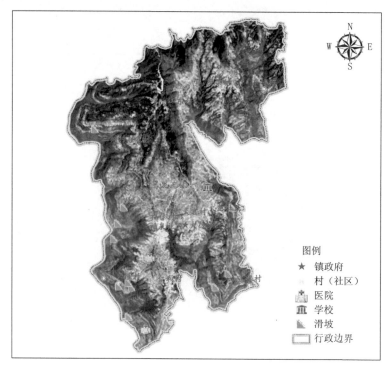

图 3.2.9　开州区大德镇卫星遥感影像图

3.2.4　大进镇

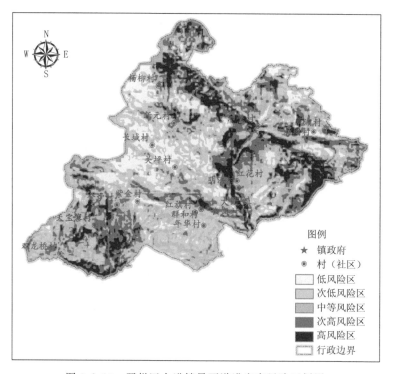

图 3.2.10　开州区大进镇暴雨洪涝灾害风险区划图

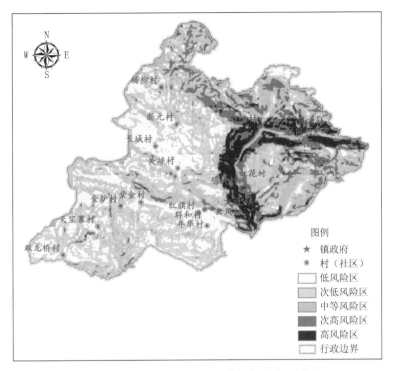

图 3.2.11 开州区大进镇山洪灾害风险区划图

图 3.2.12 开州区大进镇卫星遥感影像图

3.2.5 敦好镇

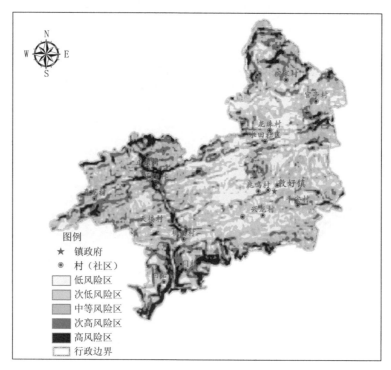

图 3.2.13　开州区敦好镇暴雨洪涝灾害风险区划图

图 3.2.14　开州区敦好镇山洪灾害风险区划图

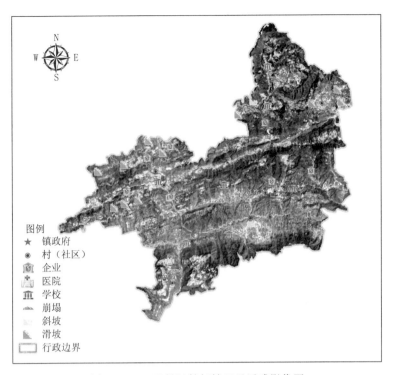

图 3.2.15　开州区敦好镇卫星遥感影像图

3.2.6　丰乐街道

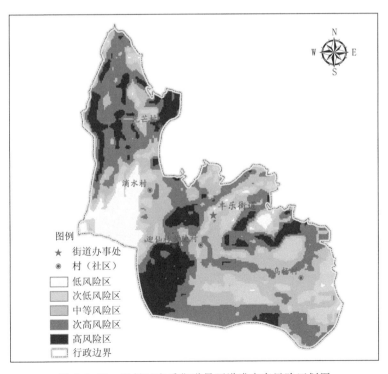

图 3.2.16　开州区丰乐街道暴雨洪涝灾害风险区划图

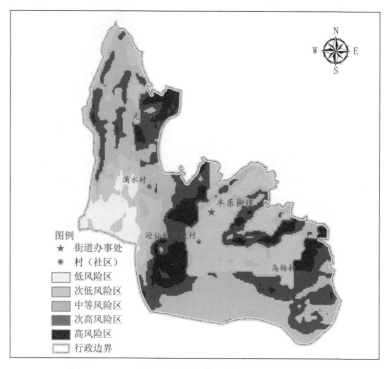

图 3.2.17　开州区丰乐街道山洪灾害风险区划图

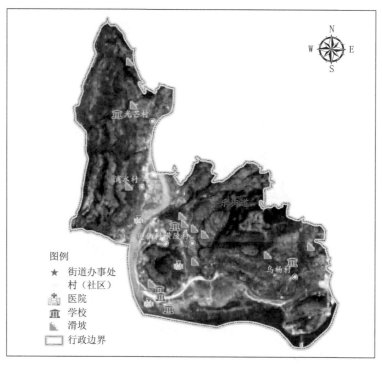

图 3.2.18　开州区丰乐街道卫星遥感影像图

3.2.7　高桥镇

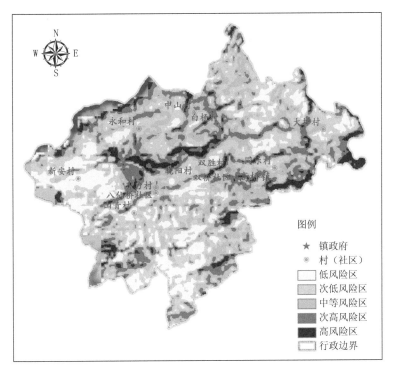

图 3.2.19　开州区高桥镇暴雨洪涝灾害风险区划图

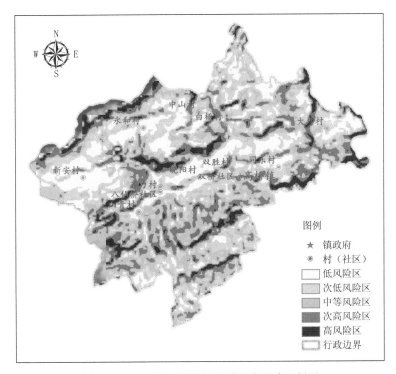

图 3.2.20　开州区高桥镇山洪灾害风险区划图

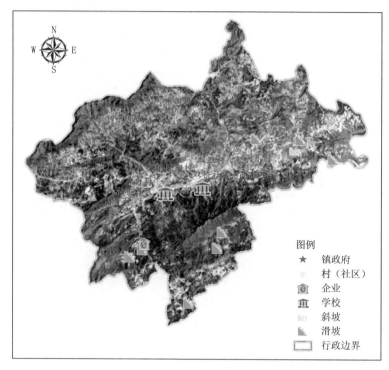

图 3.2.21　开州区高桥镇卫星遥感影像图

3.2.8　关面乡

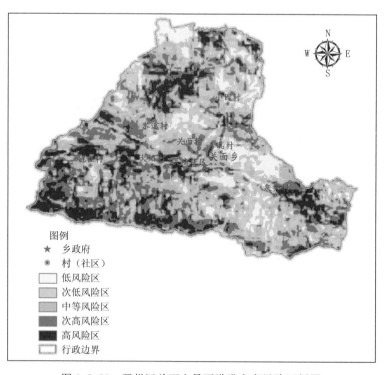

图 3.2.22　开州区关面乡暴雨洪涝灾害风险区划图

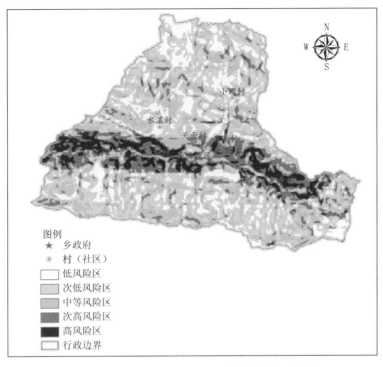

图 3.2.23　开州区关面乡山洪灾害风险区划图

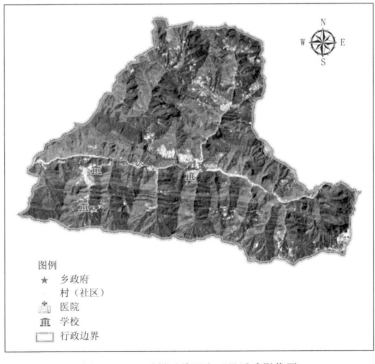

图 3.2.24　开州区关面乡卫星遥感影像图

3.2.9 郭家镇

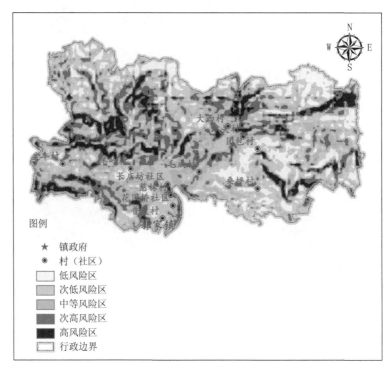

图 3.2.25 开州区郭家镇暴雨洪涝灾害风险区划图

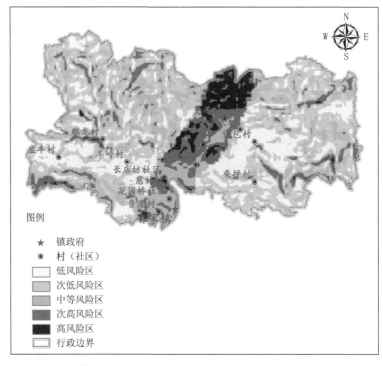

图 3.2.26 开州区郭家镇山洪灾害风险区划图

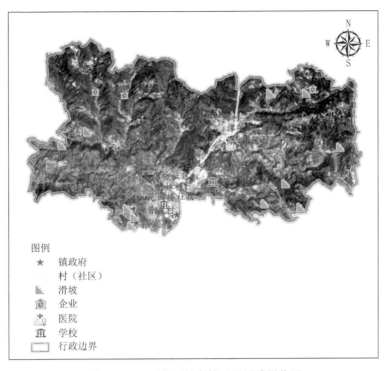

图 3.2.27 开州区郭家镇卫星遥感影像图

3.2.10 汉丰街道

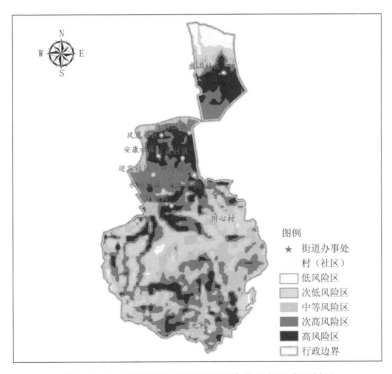

图 3.2.28 开州区汉丰街道暴雨洪涝灾害风险区划图

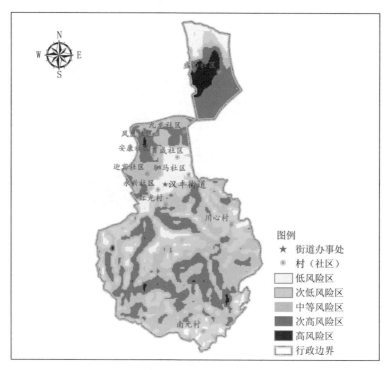

图 3.2.29 开州区汉丰街道山洪灾害风险区划图

图 3.2.30 开州区汉丰街道卫星遥感影像图

3.2.11　和谦镇

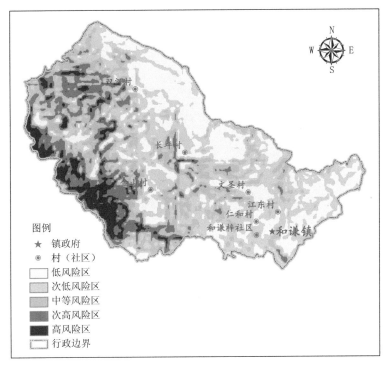

图 3.2.31　开州区和谦镇暴雨洪涝灾害风险区划图

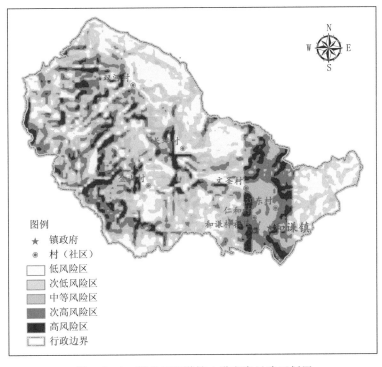

图 3.2.32　开州区和谦镇山洪灾害风险区划图

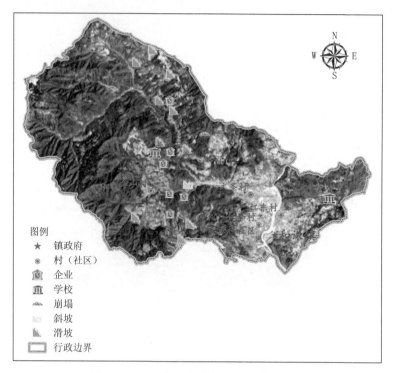

图 3.2.33　开州区和谦镇卫星遥感影像图

3.2.12　河堰镇

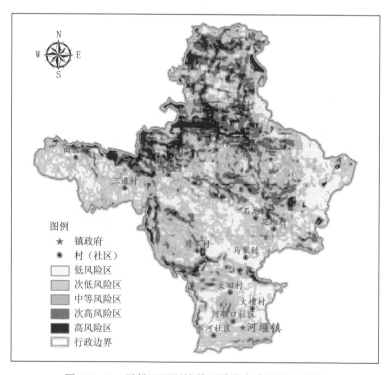

图 3.2.34　开州区河堰镇暴雨洪涝灾害风险区划图

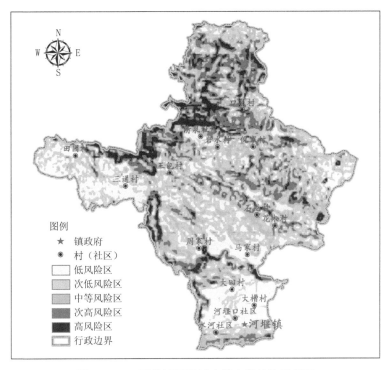

图 3.2.35 开州区河堰镇山洪灾害风险区划图

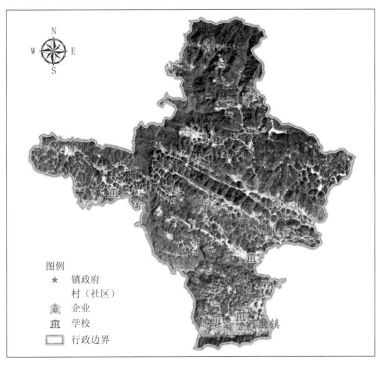

图 3.2.36 开州区河堰镇卫星遥感影像图

3.2.13 厚坝镇

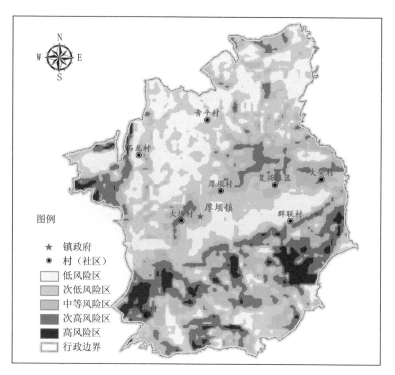

图 3.2.37　开州区厚坝镇暴雨洪涝灾害风险区划图

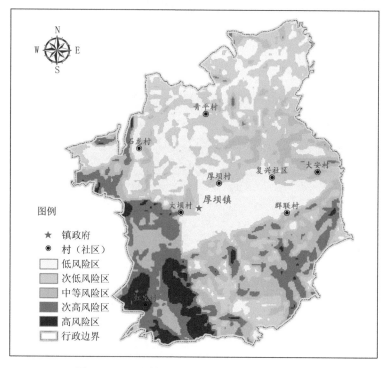

图 3.2.38　开州区厚坝镇山洪灾害风险区划图

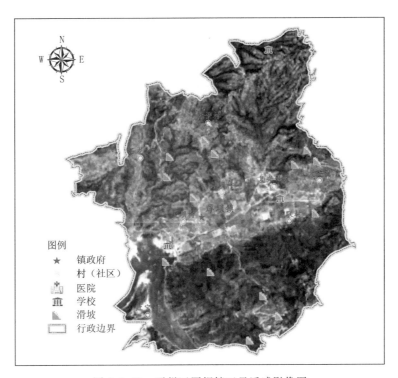

图 3.2.39 开州区厚坝镇卫星遥感影像图

3.2.14 金峰镇

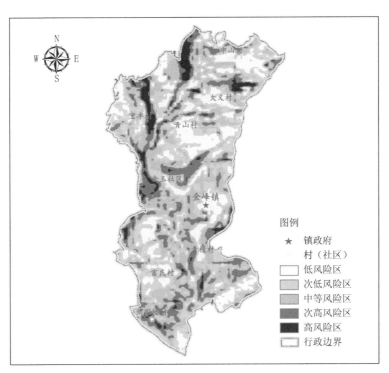

图 3.2.40 开州区金峰镇暴雨洪涝灾害风险区划图

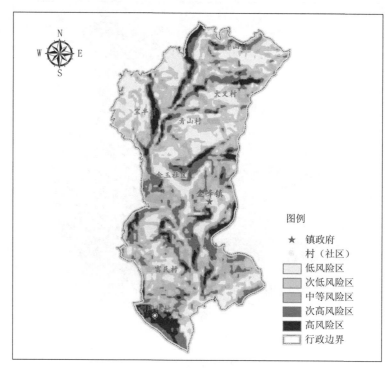

图 3.2.41　开州区金峰镇山洪灾害风险区划图

图 3.2.42　开州区金峰镇卫星遥感影像图

3.2.15 九龙山镇

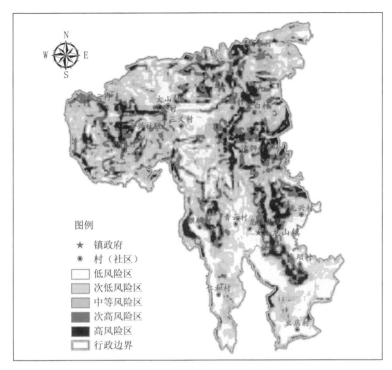

图 3.2.43 开州区九龙山镇暴雨洪涝灾害风险区划图

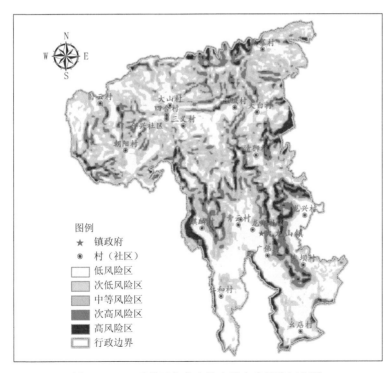

图 3.2.44 开州区九龙山镇山洪灾害风险区划图

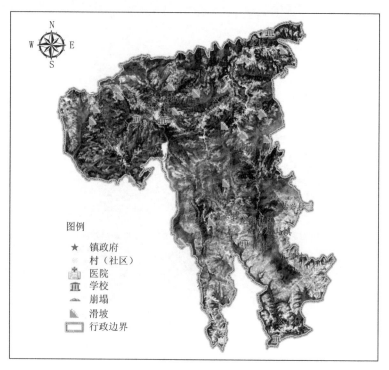

图 3.2.45　开州区九龙山镇卫星遥感影像图

3.2.16　临江镇

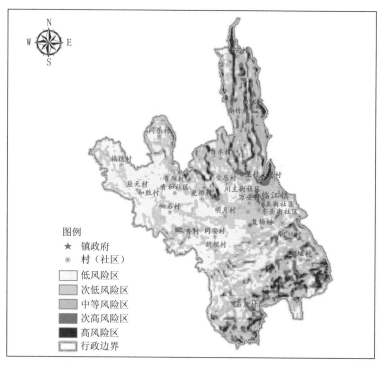

图 3.2.46　开州区临江镇暴雨洪涝灾害风险规划图

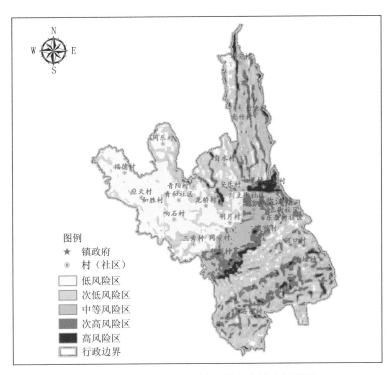

图 3.2.47 开州区临江镇山洪灾害风险规划图

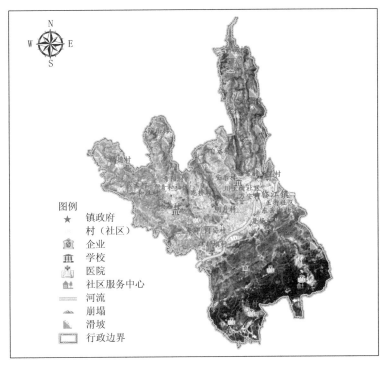

图 3.2.48 开州区临江镇卫星遥感影像图

3.2.17 麻柳乡

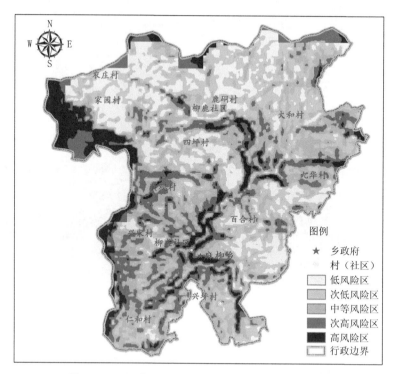

图 3.2.49　开州区麻柳乡暴雨洪涝灾害风险区划图

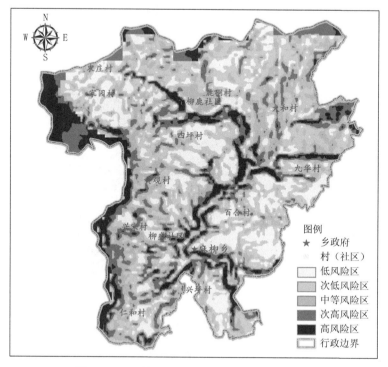

图 3.2.50　开州区麻柳乡山洪灾害风险区划图

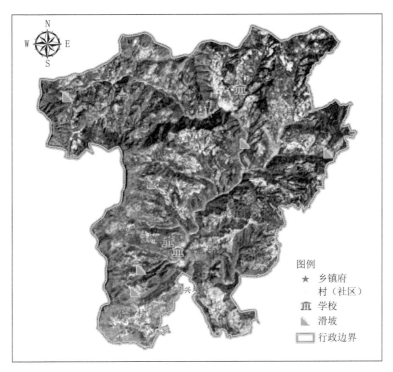

图 3.2.51　开州区麻柳乡卫星遥感影像图

3.2.18　满月镇

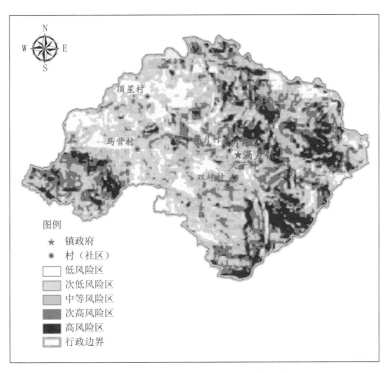

图 3.2.52　开州区满月镇暴雨洪涝灾害风险区划图

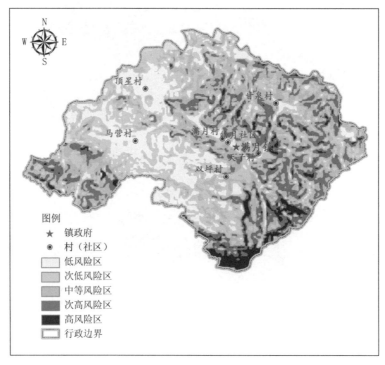

图 3.2.53　开州区满月镇山洪灾害风险区划图

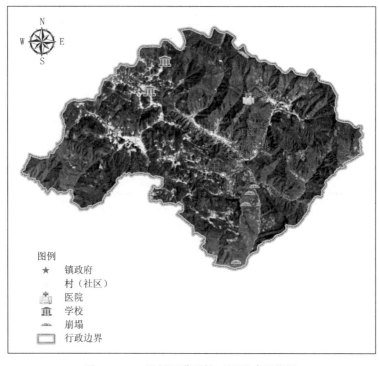

图 3.2.54　开州区满月镇卫星遥感影像图

3.2.19　南门镇

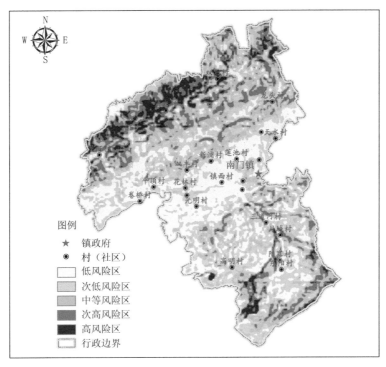

图 3.2.55　开州区南门镇暴雨洪涝灾害风险区划图

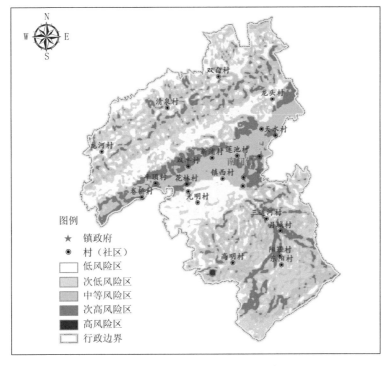

图 3.2.56　开州区南门镇山洪灾害风险区划图

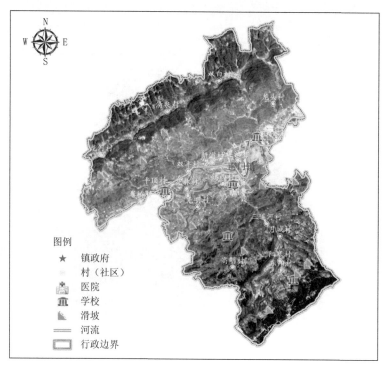

图 3.2.57　开州区南门镇卫星遥感影像图

3.2.20　南雅镇

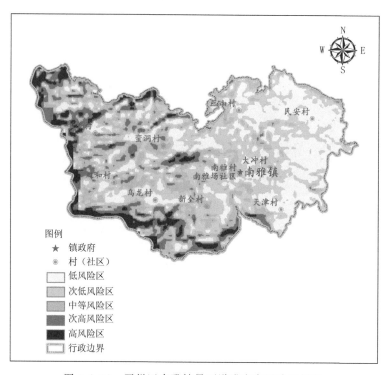

图 3.2.58　开州区南雅镇暴雨洪涝灾害风险区划图

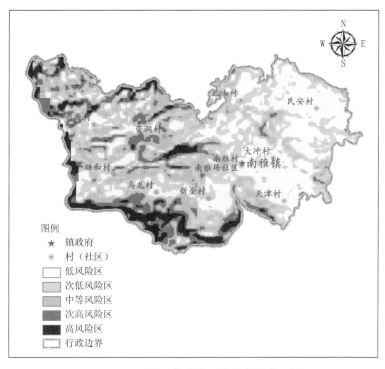

图 3.2.59　开州区南雅镇山洪灾害风险区划图

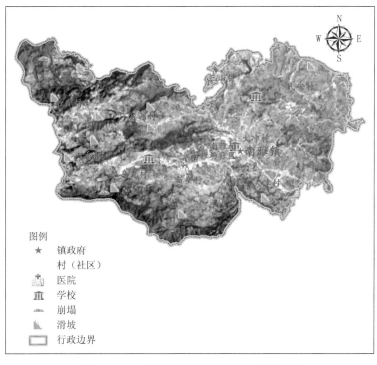

图 3.2.60　开州区南雅镇卫星遥感影像图

3.2.21 渠口镇

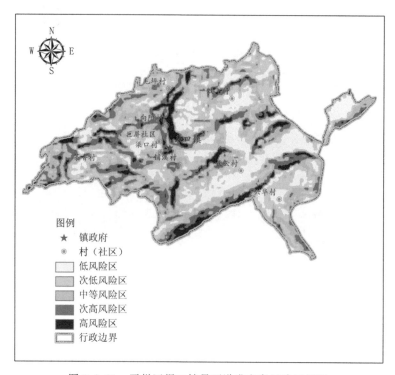

图 3.2.61 开州区渠口镇暴雨洪涝灾害风险区划图

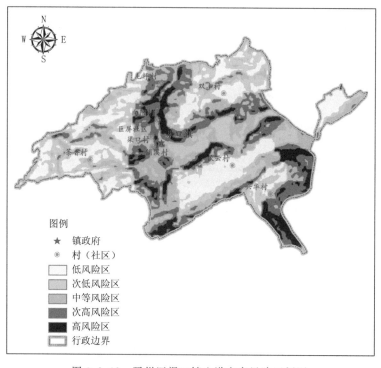

图 3.2.62 开州区渠口镇山洪灾害风险区划图

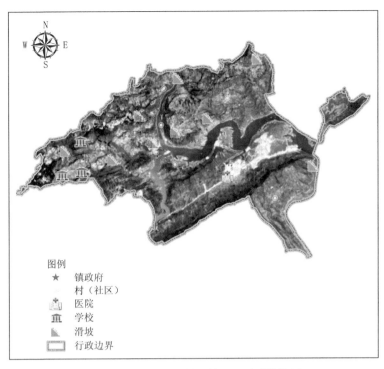

图 3.2.63 开州区渠口镇卫星遥感影像图

3.2.22 三汇口乡

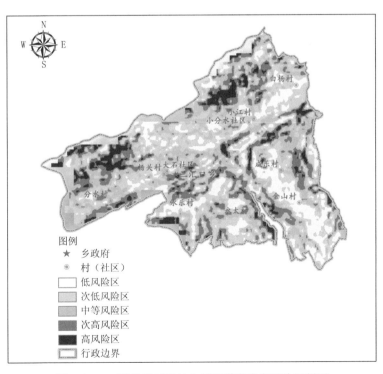

图 3.2.64 开州区三汇口乡暴雨洪涝灾害风险区划图

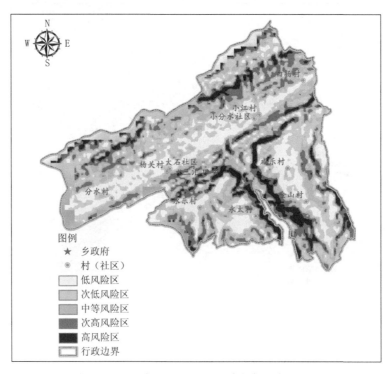

图 3.2.65　开州区三汇口乡山洪灾害风险区划图

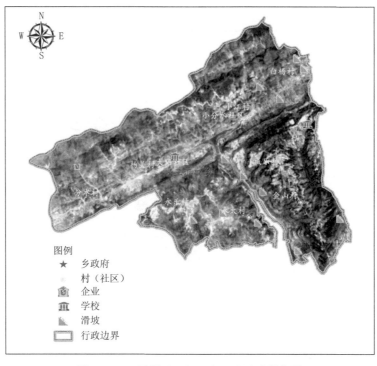

图 3.2.66　开州区三汇口乡卫星遥感影像图

3.2.23 谭家镇

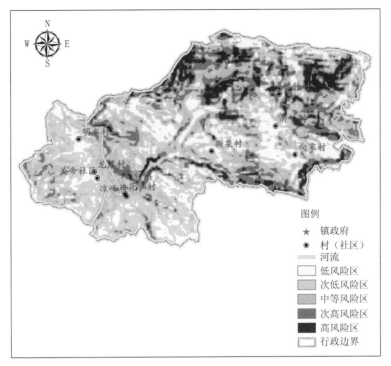

图 3.2.67 开州区谭家镇暴雨洪涝灾害风险区划图

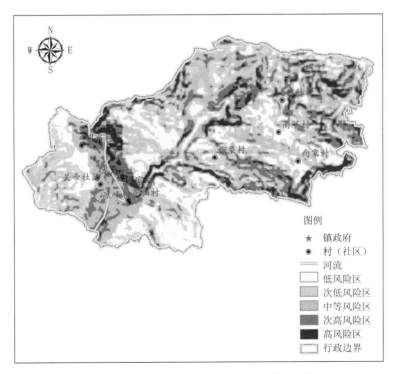

图 3.2.68 开州区谭家镇山洪灾害风险区划图

图 3.2.69　开州区谭家镇卫星遥感影像图

3.2.24　天和镇

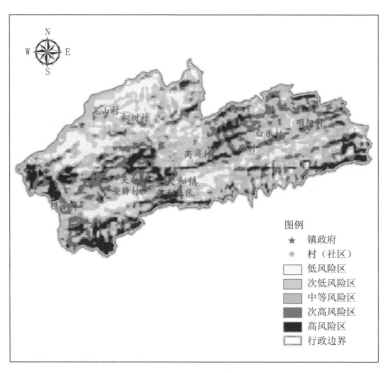

图 3.2.70　开州区天和镇暴雨洪涝灾害风险区划图

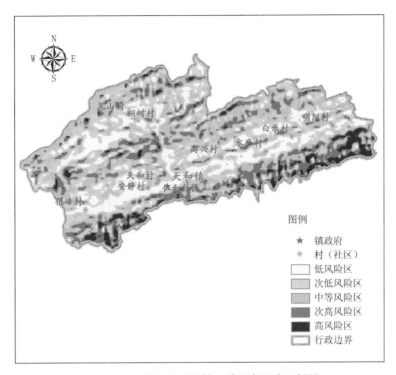

图 3.2.71 开州区天和镇山洪灾害风险区划图

图 3.2.72 开州区天和镇卫星遥感影像图

3.2.25　铁桥镇

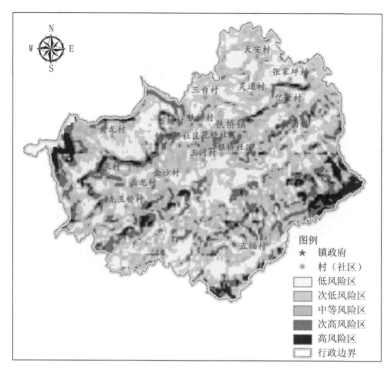

图 3.2.73　开州区铁桥镇暴雨洪涝灾害风险区划图

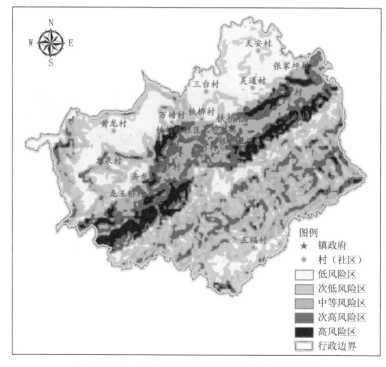

图 3.2.74　开州区铁桥镇山洪灾害风险区划图

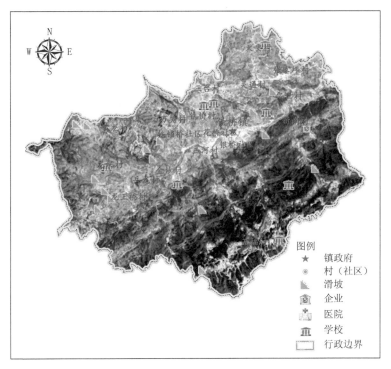

图 3.2.75 开州区铁桥镇卫星遥感影像图

3.2.26 温泉镇

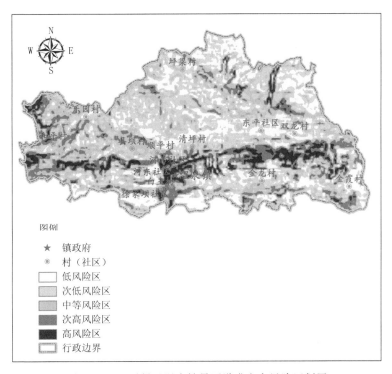

图 3.2.76 开州区温泉镇暴雨洪涝灾害风险区划图

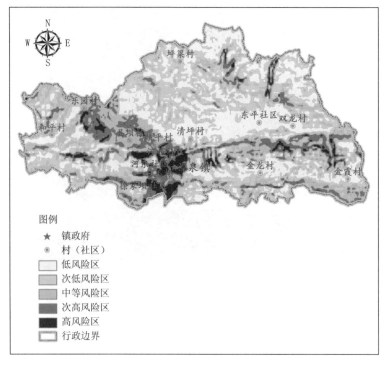

图 3.2.77　开州区温泉镇山洪灾害风险区划图

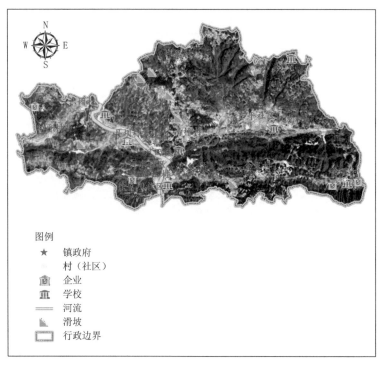

图 3.2.78　开州区温泉镇卫星遥感影像图

3.2.27 文峰街道

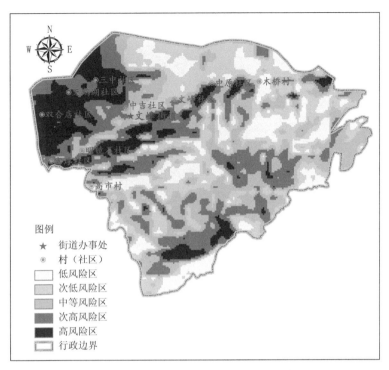

图 3.2.79 开州区文峰街道暴雨洪涝灾害风险区划图

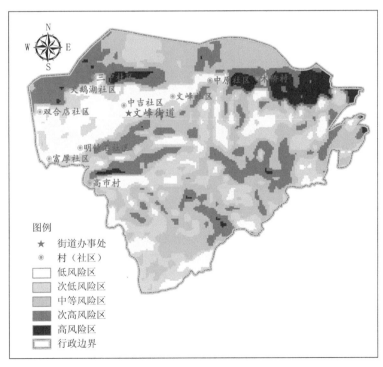

图 3.2.80 开州区文峰街道山洪灾害风险区划图

图 3.2.81 开州区文峰街道卫星遥感影像图

3.2.28 巫山镇

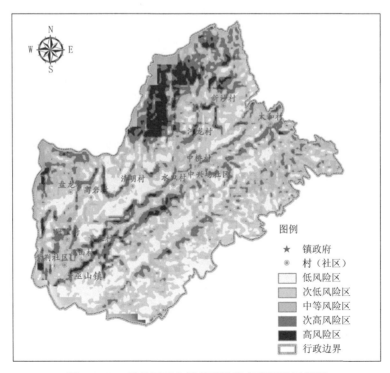

图 3.2.82 开州区巫山镇暴雨洪涝灾害风险区划图

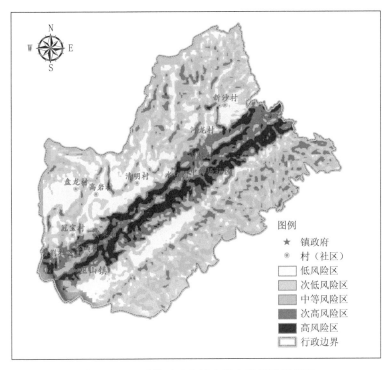

图 3.2.83 开州区巫山镇山洪灾害风险区划图

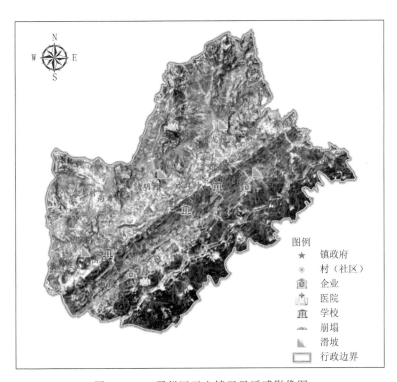

图 3.2.84 开州区巫山镇卫星遥感影像图

3.2.29 五通乡

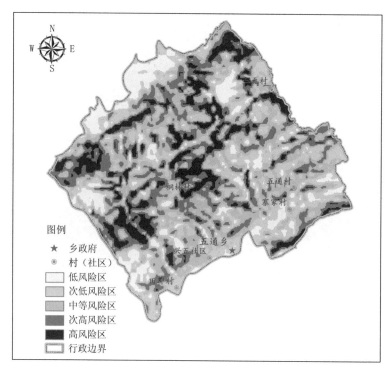

图 3.2.85　开州区五通乡暴雨洪涝灾害风险区划图

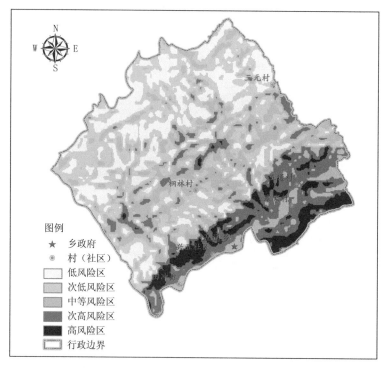

图 3.2.86　开州区五通乡山洪灾害风险区划图

图 3.2.87 开州区五通乡卫星遥感影像图

3.2.30 雪宝山镇

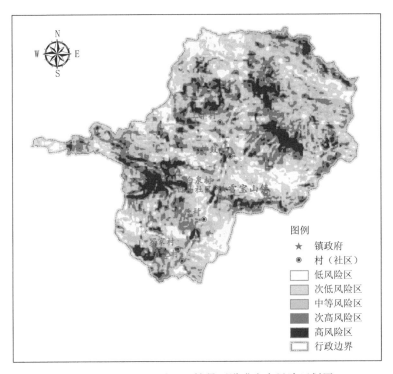

图 3.2.88 开州区雪宝山镇暴雨洪涝灾害风险区划图

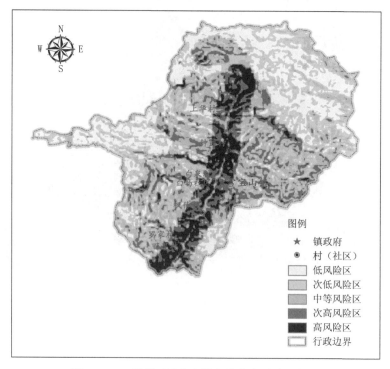

图 3.2.89　开州区雪宝山镇山洪灾害风险区划图

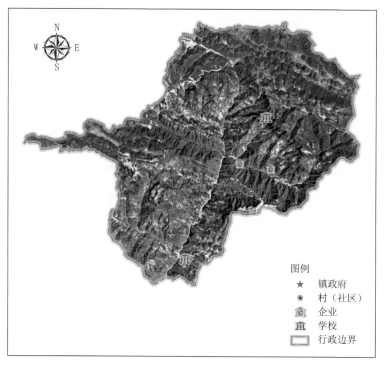

图 3.2.90　开州区雪宝山镇卫星遥感影像图

3.2.31 义和镇

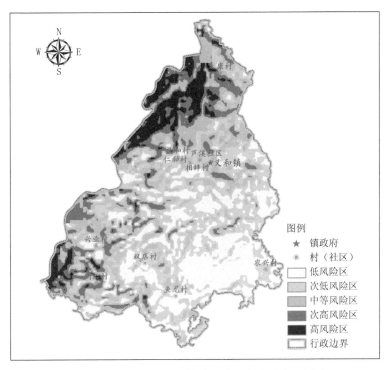

图 3.2.91 开州区义和镇暴雨洪涝灾害风险区划图

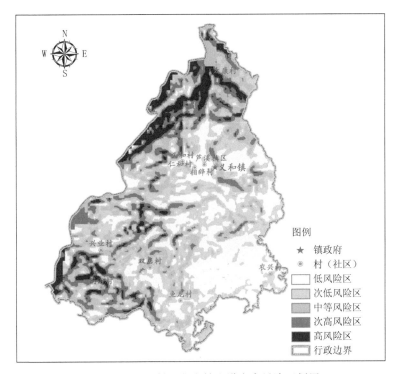

图 3.2.92 开州区义和镇山洪灾害风险区划图

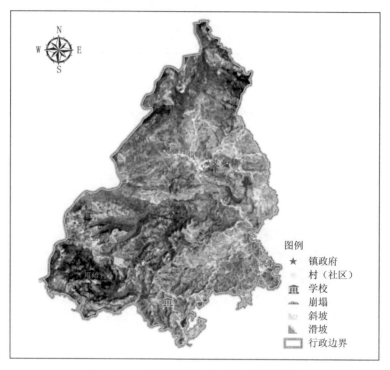

图 3.2.93　开州区义和镇卫星遥感影像图

3.2.32　岳溪镇

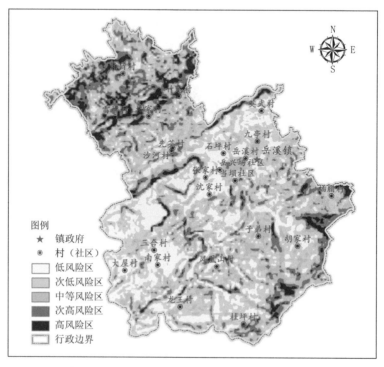

图 3.2.94　开州区岳溪镇暴雨洪涝灾害风险区划图

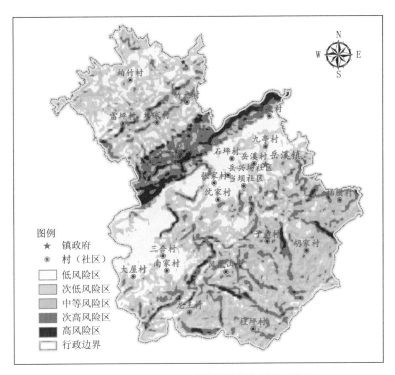

图 3.2.95 开州区岳溪镇山洪灾害风险区划图

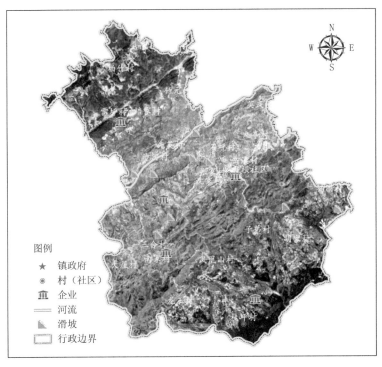

图 3.2.96 开州区岳溪镇卫星遥感影像图

3.2.33 云枫街道

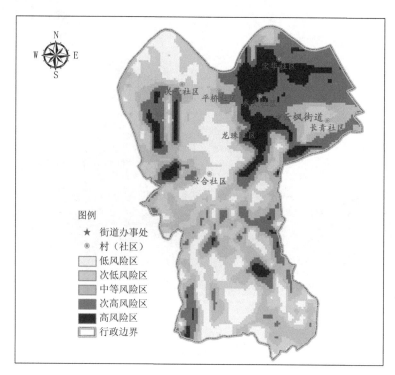

图 3.2.97　开州区云枫街道暴雨洪涝灾害风险区划图

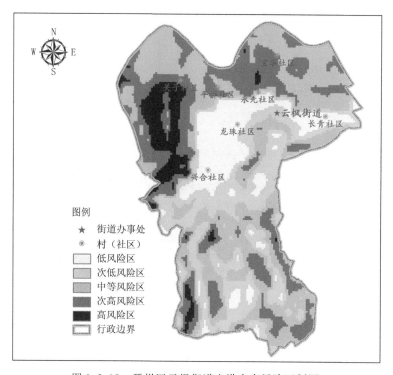

图 3.2.98　开州区云枫街道山洪灾害风险区划图

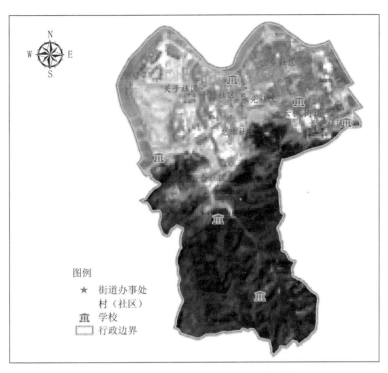

图 3.2.99 开州区云枫街道卫星遥感影像图

3.2.34 长沙镇

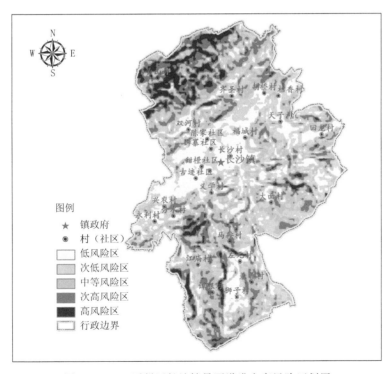

图 3.2.100 开州区长沙镇暴雨洪涝灾害风险区划图

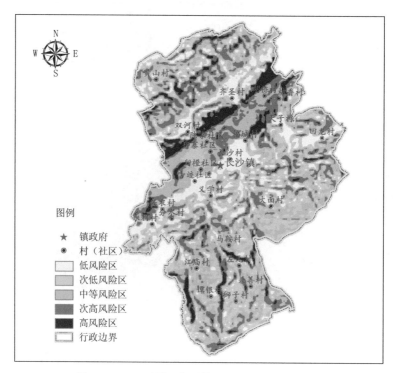

图 3.2.101　开州区长沙镇山洪灾害风险区划图

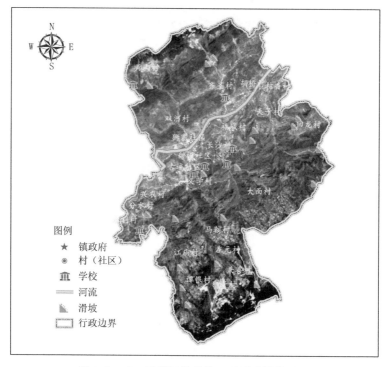

图 3.2.102　开州区长沙镇卫星遥感影像图

3.2.35 赵家街道

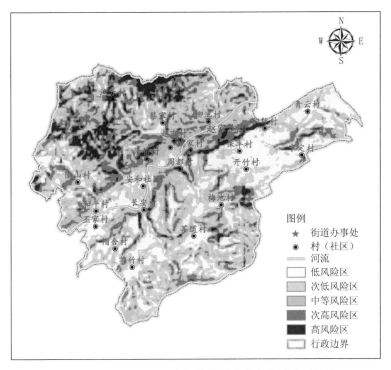

图 3.2.103 开州区赵家街道暴雨洪涝灾害风险区划图

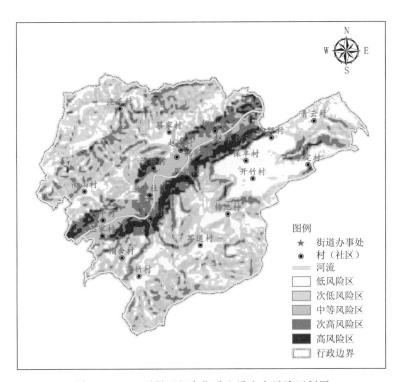

图 3.2.104 开州区赵家街道山洪灾害风险区划图

图 3.2.105　开州区赵家街道卫星遥感影像图

3.2.36　镇安镇

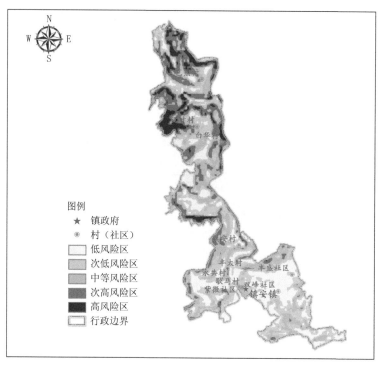

图 3.2.106　开州区镇安镇暴雨洪涝灾害风险区划图

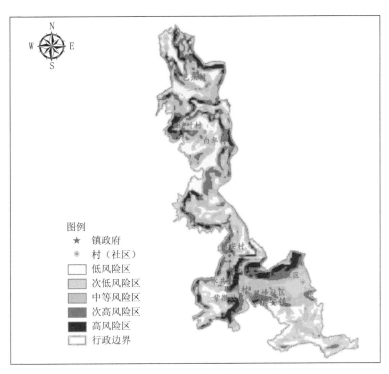

图 3.2.107 开州区镇安镇山洪灾害风险区划图

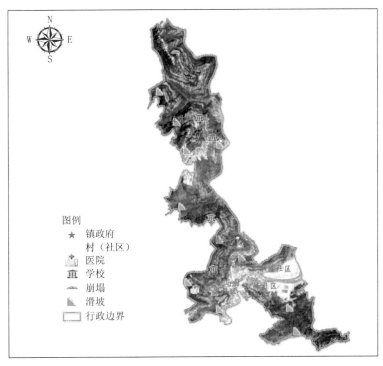

图 3.2.108 开州区镇安镇卫星遥感影像图

3.2.37 镇东街道

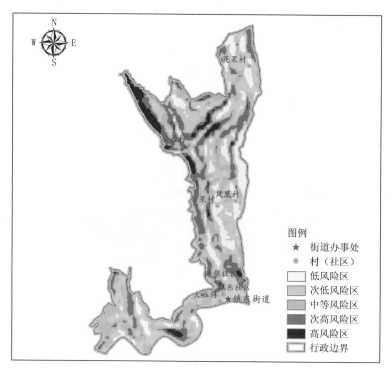

图 3.2.109 开州区镇东街道暴雨洪涝灾害风险区划图

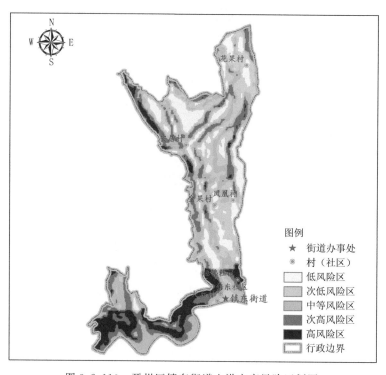

图 3.2.110 开州区镇东街道山洪灾害风险区划图

图 3.2.111 开州区镇东街道卫星遥感影像图

3.2.38 中和镇

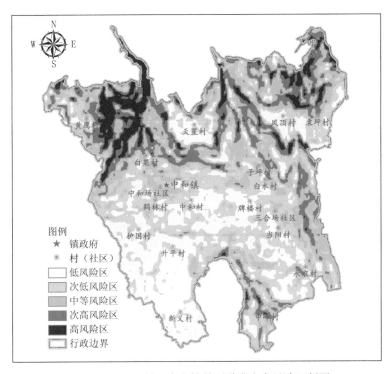

图 3.2.112 开州区中和镇暴雨洪涝灾害风险区划图

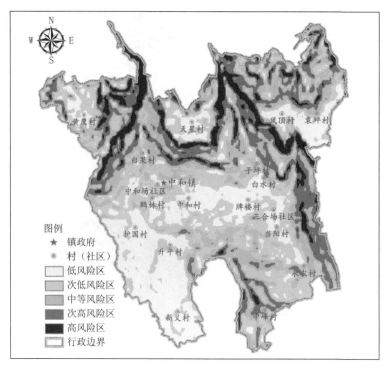

图 3.2.113　开州区中和镇山洪灾害风险区划图

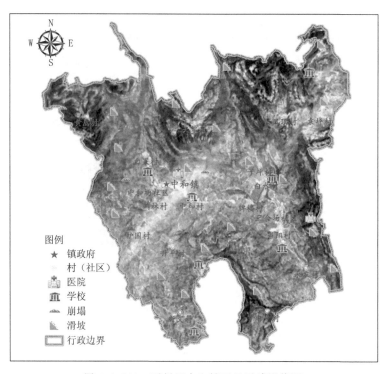

图 3.2.114　开州区中和镇卫星遥感影像图

3.2.39 竹溪镇

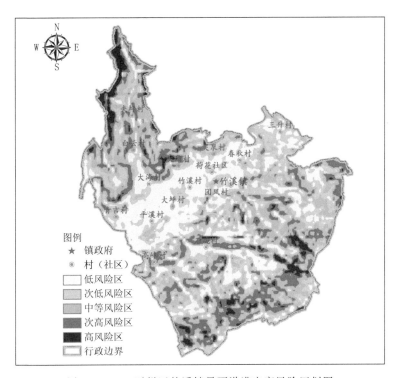

图 3.2.115 开州区竹溪镇暴雨洪涝灾害风险区划图

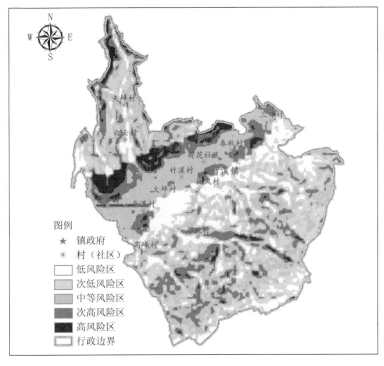

图 3.2.116 开州区竹溪镇山洪灾害风险区划图

图 3.2.117　开州区竹溪镇卫星遥感影像图

3.2.40　紫水乡

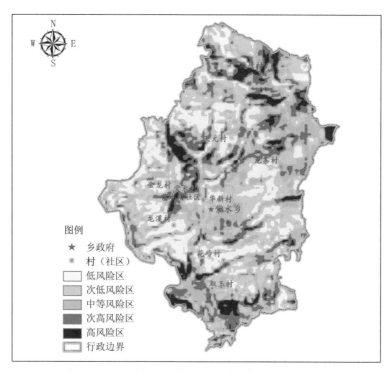

图 3.2.118　开州区紫水乡暴雨洪涝灾害风险区划图

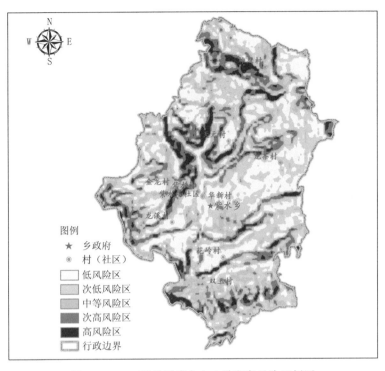

图 3.2.119 开州区紫水乡山洪灾害风险区划图

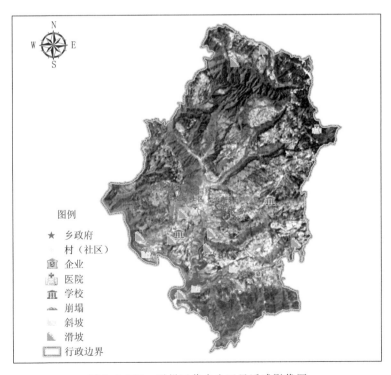

图 3.2.120 开州区紫水乡卫星遥感影像图